100件幸福的小事

汪幸◎著绘

中国妇女出版社

图书在版编目（CIP）数据

100件幸福的小事 / 汪幸著绘. -- 北京 ：中国妇女出版社，2024.3(2024.6重印)
ISBN 978-7-5127-2353-5

Ⅰ.①1… Ⅱ.①汪… Ⅲ.①幸福－通俗读物 Ⅳ.①B82-49

中国国家版本馆CIP数据核字（2024）第003421号

责任编辑：朱丽丽
封面设计：末末美书
责任印制：李志国

出版发行：中国妇女出版社
地　　址：北京市东城区史家胡同甲24号　　邮政编码：100010
电　　话：（010）65133160（发行部）　　65133161（邮购）
邮　　箱：zgfncbs@womenbooks.cn
法律顾问：北京市道可特律师事务所
经　　销：各地新华书店
印　　刷：北京通州皇家印刷厂

开　　本：140mm×160mm　1/32
印　　张：7
字　　数：100千字
版　　次：2024年3月第1版　　2024年6月第2次印刷
定　　价：69.80元

推荐序

PREFACE

“喜欢自己，比喜欢世界更重要”

校友汪幸联系我，说近十年来，她在工作之余画了3000多幅小画。她从中挑出100幅，准备出本小书，书名就叫《100件幸福的小事》。她把排好版的书稿发过来让我看。于是，我成了这本书稿的第一批读者。

我喜欢这样的画，更准确地说，我喜欢作者在画这些画时的视角、心情、态度和画面当中透露出来的那种轻快喜悦的气息。

应了那句话，“每个女人的内心，都住着一个小女孩”。汪幸正是从一个小女孩的视角画下了她日常生活当中一些片断：割草机经过后草地清新的气息，让一只鸡蛋竖立起来的游戏，在脸盆中看到一弯倒映的月亮，用青草做一枚戒指，贴两片柳叶当作眉毛，坐在河边听流水的声音，欣喜于自己考试得了 61 分……

这些小小的画面不涉及什么重要的话题，也不作宏大的狂想和貌似深刻的思考，有的只是一个女性日常生活当中的琐碎相遇和细腻感受。也就是说，她不是向外去观察这个纷乱复杂的无边世界，而是向内，将视野集中在一个与个体息息相关的时空范围内，关注和表达那些真正能够影响自己心情的事物。正如她所说的那样："喜欢自己，比喜欢世界更重要。"她是认真地回到了自己。

这不是一件容易的事。当我们几代人形成一个统一的集体人格时，我们很少会关心自己是什么，很少会想到自己内心真正需要些什么。直到今天，很多人还不明白个人生活与公共场域的界限。当一个人装修一套房子时，他还会将客厅想象成一个人来人往的公共场所；当他穿衣打扮出门上班时，还会把自己想象成某个电视连续剧中的著名角色；当他出镜拍视频发到网络上去时，甚至会把自己想象成某个备受世人关注的公众人物……

但是，一个人活着，只是一件非常私人的事儿。他只是他自己——既不是他人眼里的自己，也不是想象当中的自己。发生了一点幸福的事儿似乎也没有必要去跟他人分享，遇见倒霉的事情时总还是要自己来承受。他需要做的，不是按照别人的期待去努力表演式地活着，而只是朴素地、尽可能快乐地活着。

汪幸在她的画中做到了这一点。她诚实且平然地面对自己，满足于自己在生活际遇当中的每一点小确幸，沉浸其中，渲染为画，为我们营造出一片天真快乐阳光灿烂的小小天地。

也许是现实生活当中太多的不如意，让我们看到了太多充满抱怨和愤怒的文字及画作。但是，当我们一身戾气地看待这个世界时，我们会变得很粗糙甚至很粗俗，我们可能错过了许多与美好事物的相遇：一阵清风倏尔吹过，一朵花儿在草地上安静地开放，周五下班了，做了一个笑出声来的美梦，长大了还能荡秋千，在大雪纷飞的冬季躲在屋里吃着火锅，换衣服时口袋里发现一张大额钞票，晒好的被子散发出一股子阳光的气味儿……

汪幸像画中小女孩那样天真地看待这个世界、看待自己的生活，这个世界也因此在她的心中变得天真可爱起来，阳光多了起来，有风在吹，有水在流，天上飘着云朵，地上人世清明。她细腻而敏锐的感受力，让这一切美好的事物与她的情绪和生活发生了紧密的关联，从而在她内心之中积累下更为丰富多样的幸福感。

我相信汪幸跟我们每一个人没有什么两样，她也有上班被人催稿的焦虑，有房贷车贷一时拮据的困窘，有面对孩子顽劣的抓狂，有我们每个人都会遇上的各种各样的尴尬与麻烦。但她扒拉开生活当中一大堆纠缠纷乱的不如意，看见了一朵花开的样子，这有多好啊！正如英国诗人和剧作家奥斯卡·王尔德说过的那样：“我们都生活在阴沟里，但仍有人仰望星空。”有一颗向往美好事物的内心，有一双仰望星空的眼睛，你就会在这个嘈杂喧嚣的世界当中，平静地活下去。

祝福汪幸，继续不断地画下去，有更多幸福的事在等着你。

老村

2024 年 2 月

自　序

PREFACE

我用了近十年的时间，尝试每天从自己的生活里发现一件有趣的小事，并把它们画成漫画。这样的坚持仿佛一项长期的实验——让人感到快乐和幸福的究竟是什么样的事情？生活中真的可以做到每天都发现不同的乐趣吗？

这十年我并未给自己创造跌宕起伏的生活，甚至与之相反。面对平凡的经历和如常的日子，需要我对生活中的细节保持警觉，因为愉快的感觉就像正在划过的流星，要么快速地抓住记下来，要么就任它转瞬即逝。尤其是当日子过得不顺时，还要尝试从黑暗里发现光亮，这个有难度的挑战教我学会了“转念”。夜越黑，星越亮。

当我积攒了三千多颗“星星”之后，再回看画面中一个个曾经心动的瞬间，除了极少数是关于努力和超越，绝大多数都是一些细枝末节的小事。它们如此微小，比如一滴雨、一只虫、一朵花、一抹微笑、一个善意……正因为微小而平凡，它们可以出现在任何人的生活里！换言之，每个人，每天都能发生至少一件幸福的小事！我雀跃地想把这个实验结果告诉人们，于是就有了这本书的诞生。我从画过的“星星”里挑选了 100 张，并把画中的主角统一成一个童心未泯的女孩，以“我”的视角来描述 100 件让人感觉到幸福的小事。

全书分为四篇，是从四个方面来表现滋养我们的事物。

《自然之趣》——我与自然万物。大自然以其无与伦比的美滋养着我们的感官，并以昼夜四季的变换启示生命的秘密。

《独处之妙》——我与自己。幸福不一定要靠别人才能给予，一个人的时候可以享受宁静。先成为能让自己幸福的人，才有给别人带来幸福的能力。

《心心相印》——我与他人。世间最美好的事莫过于爱与被爱的双向奔赴。

《烟火清欢》——我与生活。那些热气腾腾的人间烟火，最易抚慰凡人心。

这只是抛砖引玉的 100 件，每个人的生活里都会发生数不清的小确幸。希望读者朋友们笑着从书中“认出”自己，也祝福你们每天都保持着拥有幸福的欢喜心。

最后，深深致谢我的家人，你们是我最重要的灵感来源。衷心感谢中国妇女出版社的老师们对本书的诚挚付出。

汪幸

Hi ~

目　录

CONTENTS

自 然 之 趣

ZI RAN ZHI QU

假如我们是初次光临地球，
用婴儿般初生的感官去感受一切。
看见夕阳，闻到花香，听见鸟鸣，
尝到雪花，抚摸小羊……
大自然中的万物有灵又有趣。

No.1

我

在四月的陌上遇见一棵美丽的树。

一树繁花如一袭华服，盛装之下定是位明媚的少女。

她

静静地美着，每朵花都含着一抹香甜的笑意。

我望向她，无数个笑脸望向我。

经过一棵开满花的树。

很认真地闻一朵花的芬芳。

No.2

被一阵似有若无的香气吸引到了草丛边。

原来是一朵蓝色的小花在焦急地呼唤传粉者。

即使知道美丽的事物通常自有引诱的目的，

我依然深深地凑近花蕊，就像一头扎进爱河的

傻瓜。

No.3

土地好神奇，像一个擅长无中生有的

魔术师。

当他心情舒畅的时候，就会变出一片广袤无垠的草原。

当他想淘气一下时，就会变出一个撑着红色波点小伞的蘑菇。

在草丛里发现一个刚冒出来的蘑菇。

身上挂满了用红薯的茎做的首饰。

No.4

小时候，妈妈为了把我“骗”去打针，一路上都在带我玩红薯叶的茎。

掰一截、留一截皮儿，再掰一截、留一截皮儿……

这样就变成了一条条“项链”。

当脖子、手腕、耳朵上全都挂满“链子”的时候，我们已经走到了打针的地方。

每每看见红薯叶，就会想起我聪明的妈妈。

荠菜的种子竟然是爱心的形状！

No.5

它们在草丛中很难被看到，是平凡无奇的草间群众。

无人打扰也好，可以悠然自得地长成爱的模样。

直到有一天，它们的满身绿心被一个女孩发现。

被人识得的感觉也不错，

它们欢喜地分享着爱心种子。

No.6

一个赤脚奔跑的女孩，决定要嫁给脚下柔软的草地。

选一根美丽的小草，做一枚碧绿的戒指。

好啦，就做十分钟的新娘子，在戒指枯萎之前。

用青草给自己做一枚戒指。

No.7

偏爱野地里无名的花儿，美得恣意洒脱。

我不在意它们的芳名，它们也不在乎我是谁。

只因着满心的欢喜，我们在旷野里融为一体。

送一把绚烂的野花给自己。

No.8

蒲公英的种子喜欢乘着风去旅行。

然而夏天的风不够，还需要一些可可爱爱的小嘴巴来帮忙。

一朵朵小降落伞被吹入空中，开启它们随遇而安的旅途。

送蒲公英种子们出去旅行。

No.9

原来“柳叶生眉上”不是件容易的事情。

总得抬着头好保证柳叶不会滑走，你一笑它们也会被震得跌落。

不许动也不许笑，古代美人的静雅果然难以效仿。

捡起两片柳树叶，变成自己的眉毛。

按照彩虹的颜色把落叶摆成一圈。

No.10

大自然像个疯狂的印象派油画家。

他把色彩和秩序打乱，散落在大地上，看起来随机而热闹。

有人一点点地把秩序恢复了，油画家却害羞了。

“我想假装得不那么刻意，
还是被发现了。”

从开败的花枝上收集种子，明年再见。

No.11

守过一季美丽的花期，终究还是要分别。
花神要出去流浪两个季节，再把春天带回来。
留下几颗种子当作信物，让我收好。
再等几场风与雪，她便归期可盼。

等待了很久的种子终于发芽了。

No.12

种子在土里悄悄地酝酿着，

直到长出了强壮的须根才会叩开地面。

正如小鸡要把自己长得完完整整，才会啄开蛋壳。

新冒出来的小芽，欢迎你来到阳光灿烂的世界。

No.13

很多蔬菜都在切开的时候展现出丰富的“表情”。

黄瓜的心事也只会告诉勤劳的厨娘。

切菜的时候，发现黄瓜有笑脸。

No.14

是不是因为心中住着爱人，

所以总能注意到相爱的万物。

原来不止人类喜欢成对地生活，

所有的生命都喜欢谈恋爱。

从大自然中认出一对对爱侣。

No.15

传说神仙领着星星夜巡人间，
被人发现时顺势变成了萤火虫。
从此，神仙再来会走更加隐蔽的路线。
他不知道，那次偶遇之后，他已经成为
别人的心心念念。

夏天的夜晚，惊喜地偶遇萤火虫。

No.16

天一亮，小鸟们就醒了。

它们叽叽喳喳地开始分工，要去人们的窗前唱歌。

“快起来，花开了！草绿了！一天开始啦……”

它们不允许这么美丽的季节还有人正在沉睡。

清晨，被小鸟的歌声叫醒。

睡不着的夏夜，免费听一场青蛙乐队的音乐会。

No.17

夏夜的蛙鸣聒噪不止，让人难以入睡。

转念发现，青蛙们也许正在用它们的蛙语唱歌呢！

仔细听，会发现有节奏、有和声、有强弱变化……

这不就是一场合唱音乐会吗？

哈哈，青蛙乐队此刻就为我而演唱！

把一只温顺的小羊羔抱在怀中。

No.18

哲学家们猜测着“羊大为美”的寓意。

当我注视一只小羊羔纯洁无瑕的眼睛时，

真心觉得“羊小更美”。

把它白云般的身体拥在怀中，感受着它

的温暖和起伏。

此时，内心的爱怜如泉水般涌出。

No.19

凝神专注地双手扶着鸡蛋，直到感受到蛋我两忘。

轻轻把手松开，发现蛋真的立住了！

内心充满狂喜，却连呼吸都变得小心，生怕一点动静就会让蛋倒下！

毕竟这是达·芬奇都未必做过的事情。

咦，我能让鸡蛋“站”起来？！

躺在草地上看云朵变幻着形状。

No.20

我躺在草地上，专程来欣赏一场来自天空的盛大演出。

胖乎乎的云朵们变成各种形状，丰富的剧情一半在天上，一半在脑海。

地面播放着人类社会的史诗，天空却在上演着童话。

No.21

割草机

打理过的草坪，

像一个刚刚理过发的少年，散发着青春的气息。

使劲地吸一吸这迷人的草香味，

仿佛青草的汁液在鼻尖流淌。

我

想起那个草香弥漫的夏天，少年与爱永不老去。

闻一闻割草机经过后的草香味。

No.22

大雨把世界的污垢洗得干干净净，

美丽彩虹就出现在纯真的空气之中。

想象着自己在彩虹桥上走来走去，沉浸在仙女的快乐中。

看见彩虹的惊喜，仿佛自己行走其上。

阳光从指间洒下，把小手照红了。

No.23

眯着眼睛从指缝里去看温暖的太阳，

会感受到阳光也在愉快地看你。

它蹦到你的手上，把手掌边缘的皮肤照得半透明，

呈现出血液的颜色。

它又穿过指缝蹦到你的脸上，

把你迎向它的脸蛋全部涂上光的亮色。

最后，

它“咻”的一下滑向你的身后，留下一道灰色的阴影。

No.24

太阳要回家了，想在落山之前狠狠地美一把。

天空也拿出了所有的色彩泼出漫天的晚霞。

一切过分地美丽，不像星辰例行运转，而像导演精心地布景。

仿佛整个世界为你而来，天地为幕。

沉浸其中，心旌荡漾，不觉星斗慢移，夜幕降临。

看一场绚丽的日落美景。

在户外的水盆里发现一枚月亮啦！

No.25

“千江有水千江月”，据说一千条江能接住一千个月亮。

于是我也在门口放了一个装满水的脸盆。

刚转身要走，就听见

“扑通”

一声，有个月亮落水了。

No.26

地震和火山里有它的愤怒，白云和清风里有它的愉快。

草原和海洋是它的慷慨，沙漠和夜晚诉说它的孤独……

我相信地球是有生命的，它也有喜怒哀乐。

趴下来，轻轻叩一叩这颗大星球：

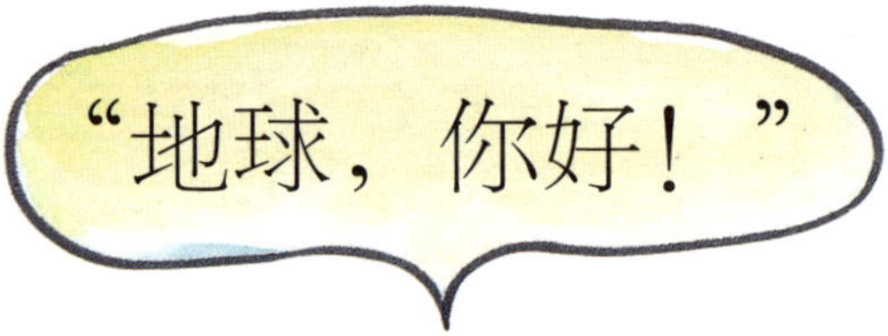

跟地球打个招呼："地球，你好！"

独 处 之 妙

DU CHU ZHI MIAO

热闹的和声能滋养身心，一人的单音能安放灵魂。
即使只有我，也能与孤独共处，并遇见伟大的存在。
即使只有我，也能好好地爱自己。

No.27

常在夜晚潜入我的专属之地，将世界一分为二

——在此之内，在我之外。

今夜，我放下万物和众生，只陪着自己，在宇宙中流浪。

小小的空间，能带着静谧的心进入无限。

在需要的时候，能有一个可独处的地方。

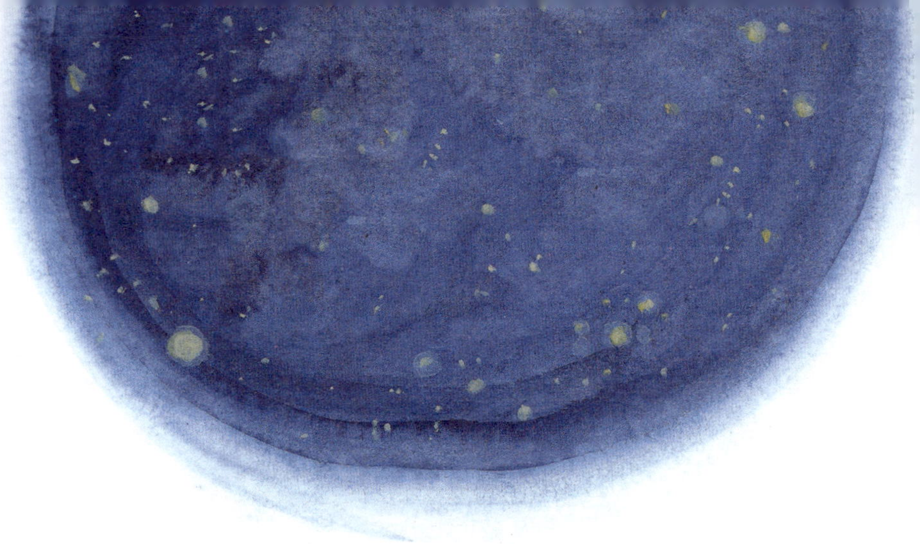

No.28

满天的星星都会眨眼，
每一颗星都在寻找地上的一个人。
我也会有属于自己的那颗星，
在茫茫苍穹中寂静久等。
我们凝视着彼此，
仿佛目光能穿越时空。
仰望过星空的眼睛，
不会在人间的琐事中迷航。

与一颗遥远而明亮的星星对视。

牵着月亮，请它陪自己散步。

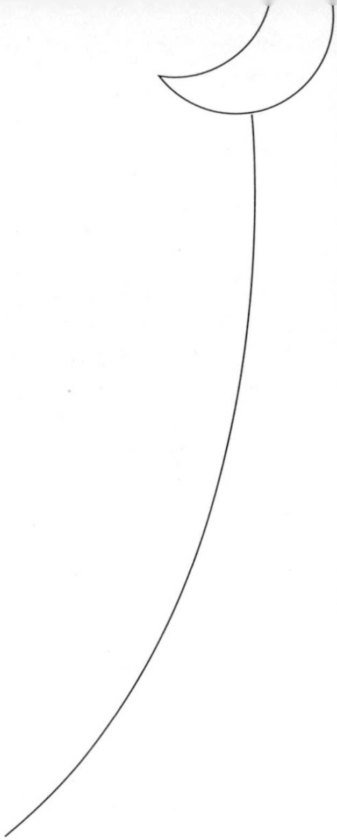

No.29

无心驯服，只因爱月亮的人太多。

我只是享受这一刻的陪伴，

一根无形的细线连起天上的它和地上的我。

牵着月亮去散步，走过草地、经过树林、穿过城市的密影。

我们像两只船，静静地漂流在夜空的深海。

无须言语，各自放空。

用一整个下午来陪伴一场雨。

No.30

雨是娴熟的音乐家，每一滴雨都是一枚音符。

在屋檐上弹拨，在地面上敲奏，在叶片上蹦跶……

发出叮叮咚咚淅淅沥沥噼里啪啦的热闹交响曲。

雨是活泼的精灵，不停变幻着跳舞的姿态。

一会儿如帘子般垂顺，一会儿如珍珠般四散，一会儿又如银花般绽放。

看得专注，不知不觉间，心上的尘土也被洗净了。

No.31

潺潺的流水绵绵不绝，像一首永恒播放的曲子。

静静地聆听，这舒缓的音波轻柔地按摩着耳膜，

把一份平静温和的频率融入全身的每个细胞。

也许，我们体内的血管也像汩汩流动的小溪。

外面的大河和身体里的小溪，通过美妙的声波彼此校准。

坐在河边聆听流水的声音。

No.32

时光必然流逝，如同指尖的流沙。

爱与恨的故事终将谢幕，遗憾不该继续留在舞台上。

微微张开指缝，看着细沙匀速地流淌下来。

像一条条金色的飞瀑，像一次次放下的执着心事。

看，“放下”是一件很美的事。

反复感受细细的沙子从指缝间流淌。

No.33

姜太公不是真的想钓上鱼，我也是。

我只是想通过鱼竿融入这一池碧水，

只是想送鱼一口好肉，想借鱼的喜悦来伴我煎茗的自在。

我在等风吹来，轻拂湖的波心。

带着直钩去钓鱼。

安捧一颗“无事”的心。

No.34

“若无闲事挂心头，

便是人间好时节。”

取一块简简单单的无事牌，

给自己的心戴上。

心上若无烦忧之事，无执着之人，

无贪求之念……

便是洒脱自由的快活人。

摸着自己的心跳，
感受到身体正一刻不停地工作着。

No.35

我其实不大懂这颗心。

没有专门拜托它，它却一刻不停地勤勉工作。

它像君王般坚定有力，带动整个身体系统运转。

却也如小鹿般灵敏，遇到特别的人时会乱跳。

No.36

据说人体由亿万万个细胞组成，

每个细胞都深深地爱着这个身体。

它们兢兢业业地工作，努力地吸收营养……

并且不介意把主人养胖。

细胞们喜欢被抚摸和夸赞，它们也是情感丰富的宝宝呀。

你若高兴它们也雀跃，你若悲伤它们也萎靡。

所以，抬起可爱的小胖手，开心地亲吧！

猛亲自己的小胖手，

感谢辛勤工作的细胞团队。

X月X日　运动日记

No.37

每次要运动之前，对抗懒惰的过程总有点艰难。

一定是有股力量想阻止我享受运动。

当汗水一滴滴从刘海流过脸颊再掉到地上，

简直让我兴奋爆棚。

之前阻止我的力量，正在被汗水带走。

享受运动时流下的汗水，
一滴一滴带走身体的负能量。

No.38

她在我一转身就能看见的地方，

不离不弃的陪伴是她最长情的告白。

我喜欢自己的影子，今天奖励她一顶小“皇冠”！

喜欢上自己可爱的影子。

No.39

今天，我要给自己加冕。

站上稳稳的板凳，系上威武的床单披风。

这个世间独一无二的小人儿，拟写了她的王国章程。

不期待满足别人的认可，希望活出自己说了算的人生。

还要给自己取个封号，我是“幸公主”，你呢?

给自己起一个以公主为后缀的名字。

给自己放个彩虹屁。

No.40

我希望成为最先喜欢自己的人，

最先夸自己、最先送花给自己、最先支持自己的人。

喜欢自己，
比喜欢世界更重要。

No.41

当你撅起屁股看世界，

世界就倒过来啦。

当我再倒过来看你，

你居然举起了地球！

只要拥有一颗童心，

世界的规则可以重新定义。

像小孩一样，撅起屁股看世界。

No.42

瓶子被打破时，不要哭。

我愿你有勇气面对残局，去发现不破不立的意义。

也许宝贝藏于废墟，如同明珠久被蒙尘关锁。

随着一声脆响，迎来尘尽光生。

从玻璃碴里找到糖的你，会发现万事皆有礼物的秘密。

从破碎的玻璃碴里找到糖。

为考了61分的自己感到庆幸，及格不易！

No.43

谁都想考 100 分，只是时机未到……

61 分可不少，是把 10 个 6 再加上 1！ 是把 1 连加 61 遍!

是比及格线 60 分再整整多出来 1 大分!

是让 59 分的人羡慕不已的好分数!

是我读了好多书、写了好多字才有的成果……

我欢喜地庆祝“比下有余”的快乐。

放下一块曾锁住内心的大石头。

NO.44

曾经的我很像一个傻瓜，抱着一块大石头站在原地。

我犹如被石头锁在那里，不能动弹又越来越累。

直到有一天实在受不了了，才松开双手任石头掉落。

原来“一身轻”是这样的令人愉快！

No.45

一个杯子里盛了半杯水，

有人看着杯子说：“唉，只有半杯……”

有人却看着水说：“哇，我拥有水！”

知足感恩的人总能看到已经拥有的一切

是多么美好。

幸福就是愉快地看到已拥有的一切。

No.46

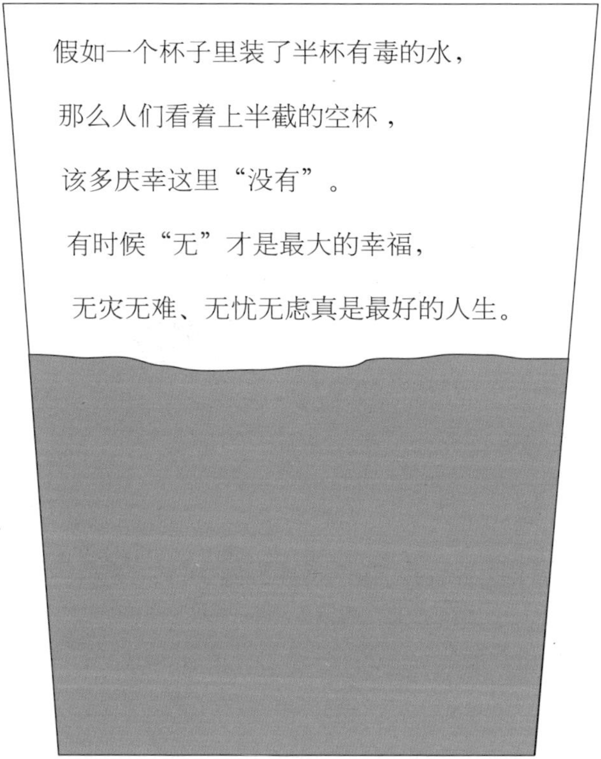
假如一个杯子里装了半杯有毒的水，
那么人们看着上半截的空杯，
该多庆幸这里“没有”。
有时候“无”才是最大的幸福，
无灾无难、无忧无虑真是最好的人生。

幸福亦是"没有"，庆幸没有苦难与烦恼。

No.47

经常忘记我们只是地球上的旅行者。

拥有着各种行李，却没有什么会永远地属于我。

物品有使用期限，亲人也各有归处。

想象失去的痛苦，能破解“习以为常”带来的无感。

多么庆幸，此时此刻的我们正在拥有着彼此。

想象失去一样东西的痛苦，
就会庆幸拥有它的幸福。

终于找到会热爱一辈子的事。

No.48

创作一幅作品时舍不得去睡觉，

真困了就趴在纸上小歇一会儿。

正因为足够热爱，才在付出汗水和辛苦时心甘情愿，

无人认可也会坚持下去。

很多人一辈子也无法主动地奔赴热爱，

可是你能，多幸运。

把心愿单种到地里，期待开花结果。

No.49

如果那些美丽的心愿能够实现，世界就会变得更好。大地妈妈，请把愿望的信息告诉全世界的土壤和水分，请准备好一切资源帮它生根发芽……

Hi~
Hello~

心 心 相 印

心
XIN

心
XIN

时光的河很长，有人陪着一起走才不无聊。

走着走着，就变成了父母、儿女、朋友。

相
XIANG

印
YIN

在一本旧书中看到小时候的自己收藏的树叶。

No.50

我

把小小的自己遗落在时光里。

但在一本旧书里，发现了她留下的线索。

通过这片叶子，我找到了小学操场边上的那棵大枫树。

她

就蹲在树底下，认真地挖着小沙坑

——她在埋葬一片枫叶。

原来她一直都在那里，在那个充满悲悯与奇思妙想的岁月里。

No.51

小时候的我写字好可爱呀。

还好没有热烈地憧憬华丽成功的未来，否则长大的我会很羞愧！

她只是坦承童年的忐忑，希望长大能成为一个画家。

庆幸我一直在做小时候最喜欢做的事，不负初心。

原来给未来邮寄一封信，可以传递最初的信念。

读一封过去的自己写给未来的信。

No.52

每逢读到精彩处，本想拍案称奇，想想还是轻叩书门。

“作者你快出来！

想问问为何要把我脑子里的想法给‘偷’了去？”

仿佛古人能穿越时空翩然来见，一开口便惺惺相惜。

一样的浪漫惆怅，一样的怀古通今，彼此只是换了人间装束。

在一本书里遇到素未谋面但熟悉已久的知己。

No.53

有一些了悟一说就破了。

倘若心领神会，不如微微一笑。

超越语言的愉悦，是一种耐人寻味的享受。

与一尊古老的佛像静静对视。

把一个婴儿逗得咯咯笑。

No.54

婴儿的笑就像一股甜甜的清泉，从没长牙的小嘴里旋出。

这泉荡漾在红苹果一样的脸上，又反弹到我的眼里和心里——把我变成了一块糖果，融化在咯咯嘎嘎的笑声里。

婴孩是最捧场的观众，会激发一个喜剧天才的诞生。

和喜欢的那个人对视了一眼！

No.55

总会有一个人，

与他的目光不期而遇的瞬间，会让你想把自己的脸藏起来。

你想藏起来的，是眼神中的欢喜还是内心的小鹿乱撞呢？

能明目张胆地害羞的年纪，真是人生中的好时光啊！

有个小孩说你是她长大后的梦想。

No.56

被一个小孩热烈地喜欢，就像被天使用力地吻了一口。

小孩的眼里没有缺点，他们只相信自己看见的光亮。

这世界那么多人，她居然“点了我的将”！

No.57

如果有个人爱你，他的眼睛会离不开你。

去找一双望向你的眼睛，

去看那颗如镜的明眸里是谁的身影？

那容得下星辰与大海的眼波之中，现在只有一个你。

去一个人的眼睛里看见快乐的自己。

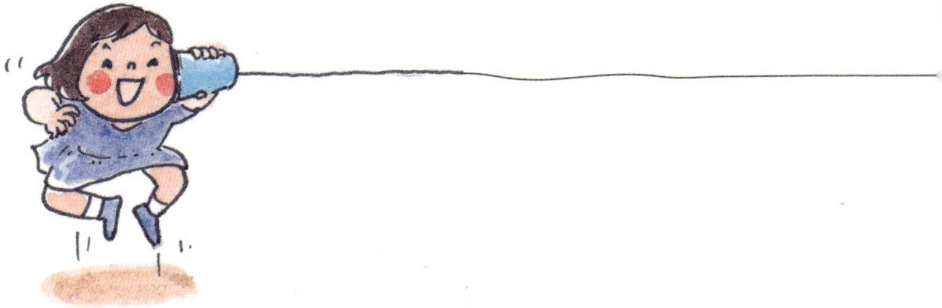

收到好消息时，有一个能分享喜悦的朋友。

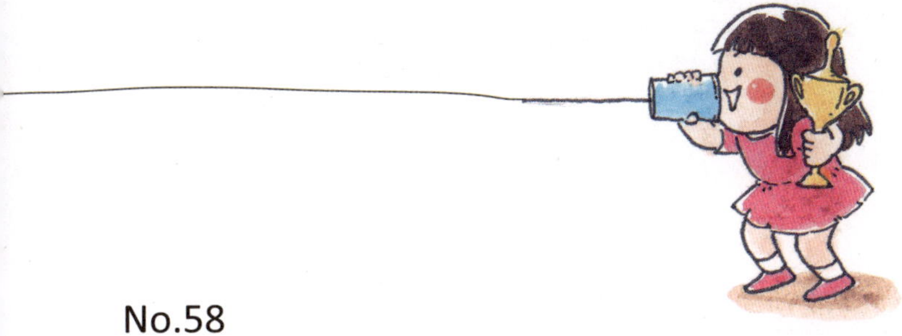

No.58

我在茫茫人海中寻找一个可以分享快乐的朋友。

举目四望，大多数泛泛之交。

唯有她，拥有与我一样的灵魂音调。

我只舍得把好消息的第一道声波传向她。

No.59

信任

就是确信他会在身后为自己的安全兜底。

他会用爱与所有的力气，稳稳地接住你。

如果足够幸运有值得信任的朋友，

我

会义无反顾地向后倒去。

全然敞开，玩一回信任游戏。

No.60

被印满唇印的脸舍不得洗，走到哪里都是最红的妞。

那是被爱的证据，是团宠的勋章。

过生日的时候，被闺蜜们印上满脸唇印。

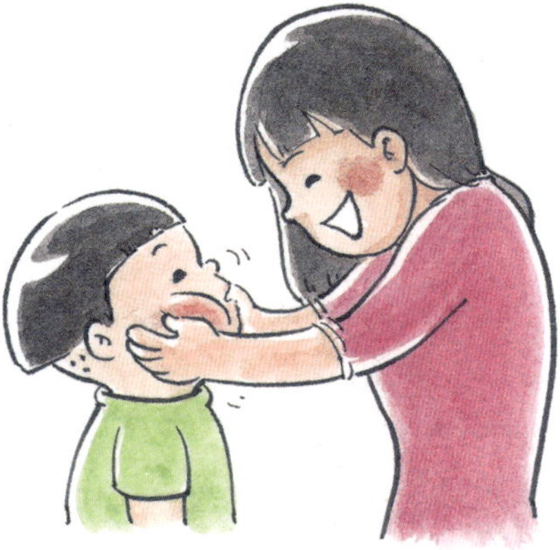

有人愿意把软软的脸蛋给你揉。

No.61

有个小胖孩的脸接近一个正圆，

捧在手心时又软又糯。

倘若轻轻挤一下，小嘴就翘起来了，

露出两颗白白的小门牙，太可爱了！

每当他乖巧地扬着脸蛋让我揉的时候，

你猜他有多爱我？

有个肩膀，可以接纳你所有的脆弱。

No.62

总有一天，你会发现小时候觉得宽厚的肩膀变得单薄。

曾经给我无限接纳和安慰的那个人，

终会消失在时光里。

永远站在我这边、觉得我最好、会给我很多拥抱……

一想到那些温暖的瞬间，我就想学着她的样子，

好好爱我自己。

No.63

小兔子们需要我！我也深深地爱着小兔子们。

给它们拉来了一车的胡萝卜，累得满头大汗。

看着小兔子们高兴地冲出来迎接自己，

满身的疲惫都化成了自豪。

生活中免不了辛苦，爱是抵御一切困难的良药。

辛勤劳动的成果被热烈地期待和欢迎。

No.64

有人会先我一步，想到让我过得更好的方法。

比如在被子里藏个热乎乎的热水袋，

让我在掀开被子时就开始感到温暖。

经常忘记关心自己的小傻瓜呀，

多么幸运有人默默地疼爱着。

我的冷与暖、饥与渴，有人会当成一件件很重要的事。

发现棉被底下有个热乎乎的热水袋。

No.65

初中时某天的晚自习后，下起了小雨。

没带伞的我只能双手捂着头朝着家的方向小跑。

忽然，我啪嗒啪嗒的脚步声仿佛有了回声。

等她靠近，我的天空雨就“停”了。

真希望那位女孩可以看到这一页，

是否记得 20 年前你曾为陌生人撑过伞？

正在淋着雨奔跑，忽然有人撑着伞追来。

在落魄的时候收到有人递来的糖。

No.66

总有一些难挨的日子需要自己孤独地扛住，

就如同在深深的井底漫长地等待着转机。

此时，有人从小洞那头递过来一颗糖。

如果说生命的寒冬终将过去，温暖的春天必将来临

——那么在无人问津的日子里，那一口甜就是惊蛰的一声雷响，

就是大地上开出的第一朵

报春花。

No.67

早上发现门口放了一条小鱼。

原来是常喂的小猫回赠了它最喜欢的猎物。

当善良遇上了感恩，便是世间最美的风景。

经常投喂的小猫回赠了一条小鱼。

No.68

表演者会在舞台上

倾尽所有来呈现美好。

每当展示完毕，

台下准确的喝彩是多么让人幸福!

鲜花与掌声可以证明，

精彩的表演与优秀的观众双向奔赴。

成人之美，也是给自己加油。

完成一段精彩的表演，
立刻收到热烈、响亮的喝彩。

No.69

无论身处何种际遇，我们都要记得给自己一个微笑。

那是对生活说“是的”

——我相信现在的境况必有转机，也相信更好的事一定会发生。

面对人生的不期而遇，唯有达观可解忧。

陌生人，我祝你拥有每一个快乐的当下。

给陌生人传一张纸条，鼓励他keep smile.

为失意的人把灯点亮。

No.70

谁不曾在夜晚流泪，

只因心底的火苗被生活无情地掐灭。

人们会轮流体会悲与欢的滋味，

先痊愈的人只是早迈出了几步。

倘若我此时恰有烛火，

很愿意用它照亮失意人的深渊。

有一种幸福叫“点亮”

——小小的烛火将汇聚成光的海洋。

原来我的伤疤，还能成为别人的安慰。

No.71

受过的伤，会成为光照进来的裂缝。

倾泻而下的光柱，会让人们觉得自己并不孤独。

我对你的痛苦感同身受，

你也要对如我这般的痊愈深信不疑。

我有办法能让身边的人笑口常开。

No.72 

如果你爱他们，
就经常用快乐滋养他们。

让欢笑震动他们的血管，让好心情滋润他们的容颜。

把最好的情绪留给最爱的人，把最好玩的笑话讲给他们听。

如果我的家人每天都能笑口常开，我不介意为此出出洋相。

No.73

能直接说出这种需求的人好厉害！

很多人都没办法说出口，明明想靠近又碍于面子。

猜来猜去之间浪费了多少爱的断磨时光。

率真的宝贝，会主动打破僵局：

“我想要抱抱！”

这是多么可爱的橄榄枝，爱你的人一定会马上出列！

坚定地表达："我想要抱抱！"

No.74

跟风的乐趣谁懂呀？不用思考对错，只为美好而站队！

对于一支可爱的小队伍，

我管不住自己迈开的腿、甩动的手、咧开的嘴。

只想立刻加入，变成其中的一员。

跟风一支可爱的小队伍！

烟

YAN

火

HUO

充满烟火气的琐碎小事，使人间变得有趣。

俗人的快乐，无非就是把日子过得有滋有味。

清

QING

欢

HUAN

只是歪着脑袋微微笑，

世界就会莫名地变得轻松美好。

No.75

想要幸福很简单，调出幸福的触角就好。

想要感觉到一些有意思，歪着你的小脑袋就好。

小鸟，小猫，小狗……脑袋一歪，立刻就表现出呆萌气质。

这确实是一个神奇的姿态，

配上微笑，气氛就会变得轻松美好。

捡一颗特别的石头带回自己的城市。

No.76

一块天然的石头足以代表一个城市的万年朝夕。

我捡起一块天然的石头，想带走这独一无二的纪念品。

实际上是我被这块石头选中，让我带它去旅行。

夜行归来，远远看到那盏为自己而亮的灯，心里很暖。

No.77

回家的路很漫长，月亮都升起来了才抵达。

那扇被灯照得暖暖的窗，是夜归人回巢的灯塔。

护送你的月与星将止步于此，

因为满天星光也比不上那个为你留灯的人。

No.78

我

喜欢白天的时候把被子搬到室外，晒出阳光的气味。

晚上躺在暖暖的被窝里，像是抱着太阳入睡。

会做一个明媚快乐的梦吗？

会不会梦见在海滩度假或是飞越太阳系？

把晒出阳光气味的被子铺到床上。

在被子里撑起一个自己的小家。

No.79

别人想要拥有一个家，需要动用很多的砖块和木头。

而我呢，只用竖起四肢就能给自己和娃娃们一个家。

独立自主的小火苗在这个小空间里熊熊燃烧。

No.80

天气由暖变冷，

心情却因为大衣口袋里发现的钱而明媚。

原来健忘也有好处，

不经意间就会为未来的自己创造惊喜。

明明是自己的东西，却像是收到了别人送的礼物。

在换季的大衣口袋里发现了钞票，
仿佛老天在发钱。

No.81

将一个锅盖上厚厚的油渍用钢丝球一点一点蹭掉，

再用蓝色的海绵沾上清洁泡泡给它擦得干干净净。

每天经受烟熏火燎的硬家伙，现在竟然亮亮的灿若水晶。

它洗完澡后的轻松舒服，我能感应到！

将个油渍斑斑的锅盖擦洗得透若水晶。

No.82

大雪纷飞的时候，要一起在雪地里走到白头。

再带着冻红的脸颊和双手，钻进一个有炉火的房间。

❄ ❄ ❄

把天寒地冻关在门外，热气腾腾地涮着一锅滚烫美味。

一方窗户，外面是大大的雪天，里面是小小的人间。

在大雪纷飞的时候吃着热气腾腾的火锅。

No.83

炭火煨肉讲究的是小火慢炖。

从下午炖到太阳都快落山了，忽然一股特别的香气溢出，

美味成了！

悄悄打开锅盖探查一下，避开涌出的热浪，

若隐若现地看到了诱人的色泽。

此刻需忌惮滚烫和礼仪，也需短暂地克制口水。

香香的炖菜马上要出锅了，偷看一眼。

快来一起嚼泡泡糖吧！

No.84

自从喜欢上泡泡糖，我们放学后就不吹牛了，改吹泡泡糖。

“啪”的一下，一个泡泡炸响在脸上。

泡泡糖可以重新塞回嘴里，青春还能回炉再造吗?

把生了虫的小米送给小鸟吃。

No.85

本想带着生了虫的小米去公园喂一喂麻雀。

没想到装小米的袋子破了个洞，

所以在我骑往公园的途中，小米撒了一路。

附近的小鸟闻讯赶来，呼朋引伴地过来用餐。

抵达公园时，发现袋中小米已经漏了过半，

整条街的小鸟都已经吃饱了。

No.86

忽然间非常想体验自由潜水。

虽然普吉岛离我还有三千多公里，

虽然我甚至还没有学会游泳……

但我是无比珍惜兴奋的小火苗的人呀，

跳过等待，迅速潜入板凳岛的脸盆谷。

戴上泳镜，立即去脸盆里体验潜水。

久憋之后，忽然可以呼吸了。

No.87

当把身体里的浊气长长地呼出去之后，再深吸一口气……

高考后的第一天……

饥肠辘辘时吃到的第一口面……

阴暗的房间里推开窗看见的第一缕阳光……

短暂地离开再回来，

你会发现我们的周围无一不是幸福。

No.88

世界好朴素，
等着你的眼睛去装饰。

透过绿色的玻璃能看到一片纯绿色的天地。

一双善于发现的眼睛，会创造出一个个美的奇迹。

透过彩色玻璃看到另一个色调的世界。

No.89

好喜欢一样礼物，喜欢到不知道怎么办才好。

那么只能抱着睡一觉，睡着了也舍不得放开。

生怕它只是一个梦，醒来就不见了。

200件幸福的小事

汪幸·著绘

中国妇女出版社

抱着喜欢的礼物睡一觉。

No.90

泡泡反正都要破，提前一两秒抓到又有什么意义呢？

小孩的世界无需意义，大人才需要意义来把自己和快乐隔离开。

世间很多可爱之事均无意义，却能让你莫名快乐。

像小时候一样追逐飞舞的泡泡。

扑到一个大大的、软软的熊身上。

No.91

我愿你也拥有一个大大的熊，扑到它柔软的大肚腩上。

把自己陷进它无边的柔软中，蹭一蹭它暖暖的毛。

让它叫你“宝贝”。它若不出声，换你叫它。

长大了还能荡秋千！

No.92

往上荡时亲吻白云，

往下荡时触碰小草。

风推着我，像小时候一样漫无目的地悠荡着。

No.93

没有比音乐更厉害的时空飞行器了。

你想去的地方，它调个旋律就能瞬间抵达。

无论是悲伤的城堡，还是快乐的原野，它都能带你飞去。

一首老歌能尘封一段时光，也能在乐声响起时将回忆再次释放。

在一首很好听的歌中乘风飞翔。

坐在草地上彈吉他。

No.94 ♪

喜欢在风和日丽的下午，带着我的“六弦琴”来到草地上。

席地而坐，弹几首好听的老歌。

弹给微风，给天上的云，给草丛里躲着的各种小耳朵听……

No.95

四壁的瓷砖营造出极佳的混响，

热热的水蒸气滋润了嗓子，

唱歌的效果比平常要好听很多倍！

没有其他观众，可以尽情地想唱就唱，

放心大胆地**破音**和**跑调**。

洗澡的时候来场个人演唱会。

No.96

汗流浃背的时候吹过来一阵凉风，这是夏天最仁慈的事。

那风丝丝入扣地钻入每一个毛孔，让人有要起飞的冲动。

要不是拎着的西瓜能镇住，估计早就被风吹跑了。

炎热的夏天，忽然吹来一阵凉爽的风。

做了一个笑出声的美梦。

No.97

能让人做梦笑出声的，一定是个好玩的梦。

亲测应该就是些无厘头的小事，让笑声穿越了梦的边缘。

家人听见后会围过来跟着一起笑，好奇是个什么样的梦。

梦的主人在外部笑声的激发下，茫然无措地醒来了。

No.98

喜欢创造一些出其不意的小惊喜来当平淡生活的调味剂。

比如把自己藏起来，等着对方来发现。

也许他早就发现了你的裙摆，故意装作找得很难呢。

幸福就是当你想玩，

有个人愿意陪着你。

躲在门后，等待被发现。

No.99

工作日的辛苦和疲劳戛然而止，

挥霍完今天晚上，两天的周末才算正式开始。

周五的晚上，可是多出来的额外假期！

Friday

星期五下班后的快乐，是能期待一整个悠长的周末。

No.100

只要用心留意，每天都会有幸福的小事发生。

把这些小确幸记录下来，存进专属的“幸福银行”。

时间长了，它会展示出爱的复利究竟会长出怎样的美好。

每当觉得心情低落时，就去“银行”里取一些存货来看，

它们都无可辩驳地确认一件事——

“我拥有过很多很多的爱”。

把每天的小小幸福都顺手存起来，
这是我的“幸福银行”。

再见